开启梦想家居的 5 把密匙

魅力天花

Charming Ceiling

300 个倾情奉献的独家案例

两岸明星设计师的私享宝典

风靡全球的至潮风格宝典

拒绝纸上谈兵，手把手教你装修实战术！

细部装修要诀，5 本一网打尽！

爱家 36 计，要"变脸"，更要"hold"住钱包！

博远空间文化发展有限公司 主编

华中科技大学出版社

http://www.hustp.com

中国·武汉

PREFACE

序言

天花吊顶作为家居环境中较为低调的空间元素，很多人常常以"简单即可"的观念来设计它。"纯白的天花板和简单的吊灯"是很多家庭装修中常用的手法。可是，您可曾想过这看似简单的天花板也可以被赋予丰富的功能，从而展现更多彩的一面呢？

灯具作为整个天花板的焦点，无疑是可以轻松制造惊喜的元素。无论您是挑选璀璨明亮的水晶灯还是光线柔和的复古式吊灯，无论您是喜欢内置光源还是偏爱射灯，总有特别的创意为您点亮生活。您还可以利用天花装饰来体现房间的装修风格，完成不同区域的划分，实现多种功能的有机结合——这一切，本书将为您细细展现。

"生活中并不缺少美，只是缺少发现美的眼睛。"我们不是不能拥有集美观性和功能性于一体的魅力天花，只是缺少去实现它的创意。希望本书能为您打开一扇有关天花创意的梦想之窗，带您进入属于自己的梦想之家！

目录 **CONTENTS**

用灯饰演绎光影魔术

LIGHT-FIXTURE
CREATE MAGIC

灯光是天花装饰的重头戏，在大多数情况下灯光设计的好坏决定了天花设计的成败。灯光的位置如何、应该选用何种照度、灯具的材质等等都是需要考虑的。以下便是数种灯光运用的佳作，供您参考。

用灯饰演绎光影魔术
Light-fixture create magic

灯光是天花装饰的重头戏，在大多数情况下灯光设计的好坏决定了天花设计的成败。灯光的位置如何、应该选用何种照度、灯具的材质等等都是需要考虑的。以下便是数种灯光运用的佳作，供您参考。

● 内置光源区分灵动空间

为了使空间有良好的通透性，设计师将餐厅和客厅打通，利用不同颜色的地面和不同材质的天花作空间区分。除了内置光源，设计师还采用现代仿烛光水晶吊灯打造餐厅的浪漫感。

1. 金色灯光演绎餐厅情调

餐厅的风格在简约中透出华贵。在这里，设计师采用温暖的黄光照明，避免了刺眼的白色光源，黑色的铁艺灯具演绎出浪漫、奢华的风情。

2. 复式楼的灯光美学

挑高的复式楼层通过采用璀璨的水晶吊灯增添空间的华丽感，从高度来讲可以同时供两个楼层照明，作为整体的一部分，水晶的光亮可以迅速成为目光的焦点。

3. 舒适的灯光让空间变得明亮

客厅墙壁和天花板都采用柔和的黄色，用丝质灯罩和水晶灯混搭的吊灯调和出客厅舒适的氛围。而环绕客厅一周的光带为整个空间带来澄澈的明亮感，在富有美感的同时也具有强大的功能性。

TIP

A. 天花板，也叫天花或吊顶，在整个装修过程中起着通观全局的作用，好的天花应该色泽多样，与房间的格调相协调，同时经久耐用。

B. 天花的位置高，不易擦洗，更换，所以最好是使用不变形、不褪色、抗老化、防潮防腐、易清洁的材料，同时也不能失去天花防静电、隔音、隔热、防火等最基本的功能。

C. 通常情况下，天花可分为平板天花、异型天花、局部天花、格栅式天花、藻井式天花五大类型。

1. 用华美吊灯营造贵族气质

在这个充满古典奢华风格的房间里，繁复的水晶吊灯无疑成为锦上添花的点缀。

2. 让灯光彼此为邻

天花板两侧的灯槽设计成了灯饰预留装置点，被填满的预留装置点无形中向整个房间传输着温暖、宁静的光线。

3. 多重光源共同使用

挑高的天花用金属、石材、玻璃等装饰，庄重而深邃，流苏型的水晶灯从天花垂落，拉近了天花与地面的距离，使房间华丽而温馨。

4. 灯饰造型成为一种艺术品

设计师将灯光作为整个空间的亮点，利用弧形墙壁打造出展示墙面，每一层隔板内都暗藏光源，在增强光亮感的同时带来温暖气息。而头顶那一盏造型独特的吊灯无疑是审美功能大于照明功能。

5. 花朵演绎田园风光

白色的藻井式天花适应于较高的房间，花朵形灯具配合小碎花的窗帘和台灯，演绎出浓厚的田园气息。

6. 兼顾气氛与照明的灯光

为了营造温馨浪漫的卧室氛围，设计师使用暖色吊灯搭配射灯的方法，依据需求的不同随时调整光源。

TIP

A. 平板天花一般是以 PVC 板、石膏板、矿棉吸音板、玻璃纤维板、玻璃等为材料的，将照明装置于顶部平面之内或吸于顶上的天花，通常用于卫生间、厨房、阳台或玄关等处。

B. 异型天花是用平板天花的形式，将顶部的管线遮挡在天花内，顶面可嵌入筒灯或内藏日光灯，客厅也可以采用异型天花。

C. 异型天花采用的云型波浪线或不规则弧线，一般不超过整个顶面面积的三分之一，超过这个比例，就难以达到好的效果。

D. 局部天花是为了避免居室的顶部有水、暖、气管道等，而且在房间高度又不允许进行全部天花的情况下采用。通常用于卧室或书房等处。

1. 巧妙利用屋顶结构

设计师利用房屋的尖顶结构，将"一"字形吊顶与房顶形成工整的梯形结构，自上而下透出金色光线，仿若阳光穿过屋顶。端墙画框上配以金红色灯光，更增添了神圣感。

2. 一个光源两种用途

餐厅采用明亮的方形水晶灯作为直接光源，水晶吊灯不仅为就餐提供了充足的光线，同时也照亮了餐厅端墙上的油画，一举两得。

3. 用射灯营造跳跃光影

设计师创造性地使用深色天花板吊顶，摒弃明亮的大型吊灯，以靠墙壁的射灯作为主要光源。在射灯的散射状光线下，墙壁的质感十足。

4. 灯光与繁花的对话

花朵图案是整个空间的主打元素，设计师在灯具的选择上采用花朵形状的铁艺灯架，每只灯泡亮起来就像一个个的花骨朵。

A. 在楼层比较低的房间，客厅也可以采用异型天花。方法是用平板天花的形式，将顶部的管线遮挡在天花内，顶面可嵌入筒灯或内藏日光灯，使装修后的顶面形成两个层次，不会产生压抑感。

B. 格栅式天花先用木材做成框架，镶嵌上透光或磨砂玻璃，光源在玻璃上面。一般适用于居室的餐厅、门厅。可设计成一层或两层。优点是光线柔和、轻松和自然。

C. 格栅式天花属于平板天花的一种，但是造型要比平板天花生动和活泼，装饰的效果比较好。

D. 藻井式天花的前提是，房间必须高于2.85 m，且房间较大。它的式样是在房间的四周设计局部天花，可设计成一层或两层，装修有增加空间高度的效果，还可以改善室内的灯光照明效果。

🍃 1. 散落灯光带来活泼感

不规则散落镶嵌的灯具给简洁、干净的天花板带来一丝活泼与空灵的气质，环形的造型与墙壁上的圆形装饰相映成趣，打造空间的整体感。

🍃 2. 光源引导视觉中心

将仿烛光、铁艺和水晶元素组合在一起的巨型吊灯本身就具备吸引眼球的效果，再加上灯光本身明亮的特性，很容易成为视觉的中心。

🍃 3. 不规则形状打造流动感

将光源集中在楼梯顶部的天花板上，从下往上看，楼梯扶手形成一圈流畅的曲线，将大小不等的亮白色球形灯光置于曲线的包围之下。

A. 在选材上，天花早已由过去的石膏板发展到如今的 PVC 板、PS 板、矿棉板、铝天花、塑钢天花等。

B. 石膏板是以熟石膏为主要原料掺入添加剂与纤维制成，具有质轻、绝热、吸声、不燃和可锯性等性能。多用于商业空间，有明骨和暗骨之分。

C. 硅酸盐类材料能够很好地结合，造型复杂的工艺易于完成，适合于凹凸、转折、曲线等装修形式。纸面石膏板是目前应用量最大的天花造型材料。

D. 家装材料市场上出售的石膏在质量上存在着很大的差异。好的石膏线洁白细腻，光亮度高，手感平滑，干燥结实，背面平整，用手指弹击，如钢声般清脆。

1. 以灯光作为辅助光线

拥有大幅窗户的会客厅本身就具备良好的自然光源，设计师选择照度不是很高的吊灯，注重美观性的同时也将功能性发挥得恰到好处。

2. 镜面与灯光的视觉游戏

黑白色系的餐厅，设计师选用白色冷光作为主要光源，用色彩创造清爽的视觉效果。而餐厅端墙的拼接镜面正好可以反射灯光，形成双重效果。

3. 发光天棚充满温馨

灯具藏在阶梯状的木质天花之间，使大块的天花均匀发光，拥有顶部采光的感觉，暖黄色的灯光更增添了质朴和温馨的气息。

TIP

A. 由石膏粉加增白剂制成的，颜色发青的劣质石膏线和由含大量没有干透的石膏制成的石膏线，其在硬度和强度上都大打折扣，在使用时极易发生扭曲变形，甚至断裂。

B. 选择石膏线最好看其断面，成品石膏线内要铺数层纤维网，这样石膏附着在纤维网上，才会增加石膏线的强度。所以纤维网的层数和质量与石膏线的质量有密切关系。

1. 方形吊灯简约明快
开放式的餐厅中，设计师采用白色冷光且照度较高的方形吊顶，空间明亮感得到大大提升。

2. 水珠造型灯饰
在这个案例中设计师选用垂直高度较大的连串水珠形状吊灯，灯光银中偏灰，颇具时尚感。

3. 天花也可以很梦幻
通透的空间中设计师通过家具的不同来划分功能区间，而在天花的应用上则采用统一化的设计，配以多边形造型，使整体显得通透明亮。

TIP
A. 劣质石膏线内铺网的质量差，铺不满或层数少，甚至以草、布代替，这样都会减弱石膏线的附着力，影响石膏线的质量。使用这样的石膏线，容易出现边角破裂，甚至整体断裂的情况。

1. 灯光与色彩

矩形的框架内饰以古典的红，充满东方韵味的灯具照亮天花，成为整个房间的亮点。

2. 不同的空间层次

设计师将天花板抬高，做出高低不同的多层，将中心部分抬高之后整体的层次感就出来了。

3. 不同形态的暖色光源

东南亚风情的家居环境中，设计师选用暖色灯光作为吊顶的主要光源。餐厅和客厅通透，在客厅中选用方形内置式光源，而在餐厅中选用吊顶灯光，形态不同但通过暖金色来统一。

1. 晶莹剔透的华丽情境

餐桌上奢华而富有光彩的水晶灯搭配室内多处镜面，凸显出空间晶莹剔透的效果。黑色镜面天花既时尚又优雅，呈现极佳的艺术气质。

2. 不同层次光源的结合

设计师将天花吊顶分成两个不同的层次，最内层用石膏质地，配上水晶灯装饰，外围层用木质装饰，边框配上内置光源，让木色在白色灯光下也显得透亮。

3. 吊灯呼应美式空间风格

整体空间以美式简洁风格为主，所以在家具和灯具的搭配上格外用心，选用稳重的木质餐桌，搭配线条优雅细腻的吊灯，充分展现出浪漫的美式情调。

A. PVC板是值得推荐的一种天花材料，由聚氯乙烯加工而成，材质轻、成本低，适合简单临时的装修。若发生损坏更换十分方便。价格从每平方米几元到二十几元不等。它重量轻，能防水、防潮、防蛀，由于制作过程中加入了阻燃材料，所以使用安全。

B. PVC板的花色和图案种类很多，但多以素色为主，也有仿花纹、仿大理石纹的，它的截面为蜂巢状网眼结构，两边有加工成型的企口和凹槽。

C. PVC塑料扣板很容易变形和老化，表面的色泽质感差。若遇高温还会散发对人体有害的气体，不环保、不耐用，因此渐渐失宠。

D. 新工艺中加入阻燃材料，使PVC塑料扣板能够遇火即灭，使用更为安全，但使用寿命相对较短。

E. 选购PVC天花型材时，可以目测外观，板面应平整光滑、无裂纹、无磕碰，拆装自如，表面光泽无划痕，用手敲击板面声音清脆。

1. 灯光聚集空间焦点

天花利用间接灯光来提升空间的亮度，繁复的水晶吊灯打造出奢华质感，不但为空间增色，也成为空间的焦点。

2. 当黑色遇上金色

原本在开放式空间中采用多个小型LED射灯即可解决的光源问题，设计师却用造型精美的金色吊灯，搭配空间的黑色家具，使空间华丽感顿时上升。

3. 分散式光源打造别样风情

将光源分散是设计师常用的技巧，考虑到是卧室照明，吊灯原本的照度不是很高，于是在床头两侧配以两盏明亮的台灯，各取所需。

1. 灯饰具有呼应空间的气质

为了凸显客厅的时尚气息，设计师以高贵优雅的黑色为主，营造低调奢华的质感。而在灯具的选择上，风格简约但造型优雅的白色暖光吊灯仿佛也点亮了空间的愉悦气息。

2. 丝绸灯展现中式魅力

为了呼应空间的中式风格，主厅采用了丝绸吊灯，柔美的黑色丝绸包裹内部灯具，营造出内敛的中式情调，挑高的天花板则使空间看起来更加开阔。

3. 黑白灯饰酷感十足

设计师以黑色为主基调，突出华丽的时尚感。所以在灯饰的选择上也选用了黑白相配的水晶灯，极富动态感。

让统一风格为你代言
SPEAK FOR UNIFIED STYLE

有些时候，天花装饰可以为您空间的整体风格代言。无论您是钟情田园风情还是青睐现代风格，无论您是热爱欧式奢华还是偏好极简主义，都可以在天花上做足文章，以体现空间的风格。

让统一风格为你代言
Speak for unified style

有些时候，天花装饰可以为您空间的整体风格代言。无论您是钟情田园风情还是青睐现代风格，无论您是热爱欧式奢华还是偏好极简主义，都可以在天花上做足文章，以体现空间的风格。

1. 繁复的中式表达

设计师借用中式古典元素，以圆的概念设计天花，配合繁复的古灯，将中式风格发挥得淋漓尽致。

2. 大尺寸天花营造粉色浪漫

房间的焦点在大尺度的天花造型上，巨大的光圈给人以空灵的感觉，中间的粉色水晶灯与房间整体搭配融为一体，营造出女孩房的精致浪漫。

1. 灯饰具有呼应空间的气质

复式空间中，小型会客厅的吊顶选用铁艺吊灯，与黑色纱帘和黑色铁质扶栏相互呼应。

2. 水晶灯的奢华展现

圆的造型丰富了空间质感，带有奢华感的水晶主灯作为视觉焦点，搭配天花的间接灯光，展现出空间的低调奢华。

3. 空间造型让视觉上移

与简洁的地面装饰和家私相比，最为繁复的设计当属天花吊顶。设计师想要打造欧式田园风情的空间，水晶灯和金色元素的运用恰到好处。

A. 目前出现了一种国内生产的塑钢天花，表面采用多层金属膜膜技术，具有质地更硬、抗老化、防氧化、易清洗、阻燃；色彩丰富、长条、多规格、易裁房、安装等特点。

B. PS 板是新型的进口材料，不易褪色、弹性大、轻盈、透光性好，使用效果很理想。并有多种花纹，如有树皮纹、流水纹、珠子花等，并且不会褪色老化。

C. 矿棉板是以矿物纤维为原料制成的，最大的特点是具有很好的吸声效果，其表面有滚花和浮雕等。

D. 矿棉板能隔音、隔热、防火，高质量的产品还不含石棉，对人体无害，并有防下陷功能。

A. 铝花板是最近才发展起来的天花板材，能防火防潮、防腐抗静电、吸音隔音。铝花板可分为网格天花、方形扣板、条形扣板等，表面可分为冲孔和平面两种。

B. 铝花板表面经过涂料加热固化处理，有丝光、丝面、镜面等不同光泽效果和各种色彩系列。

1. 用光亮制造轻盈感

木质地面和深色地毯的运用强调了空间的沉稳感，为了避免深色带来的沉闷感，设计师选用了明亮的光源制出上空的轻盈感。

2. 金色镜面在吊顶的运用

水晶灯是用以打造浪漫情怀的良品，深受大多数女主人的喜爱。在这个案例中，水晶灯饰加上金色镜面背景，更显奢华。

A. 塑料扣板天花由 40mm×40mm 的方木板组成骨架，在骨架下面装订塑料扣板，这种天花更适合于装饰卫生间顶棚。

B. 格栅天花对天花没有封闭作用，属开敞式天花，但视觉上能形成规整、统一的效果，尤其是在不影响空调、消防设施的前提下，给维修带来了方便。

1. 不规则形状营造地中海风格

餐厨一体的空间，设计师创造性地用形状不规则的墙体和马赛克台面作为空间区隔。而在天花的选用上，则采用白色清淡系的灯光打造自然的天空感。

2. 用水晶来陈述美丽

当白色系空间遇上明亮的水晶，就像浪漫遇上青春。华丽的水晶灯在挑高的空间中不仅起到照明的作用，其美化功能也更加明显。

3. 简洁风尚的打造

在简约风格的设计中，所有的物品都是以最少地点缀发挥最大的效果。天花也不例外，在电视墙的上端配上射灯和内置光源，在中央配上结构简单的方形水晶灯，以满足不同时刻的需求。

1. 水晶吊灯映衬空间贵族气质

色彩斑斓、图形多样的地毯，褐红色皮沙发，孔雀尾纹窗帘，无不彰显着空间的贵族气质。金碧辉煌的天花吊顶不仅区隔出两个客厅，更将华美高雅的氛围发挥到极致。

2. 运用复古天顶塑造洛可可风格空间

洛可可风格的家居设计，在灯光的照耀下，显得既古典又轻盈，让人印象深刻。

TIP

A. 夹板天花为现时装修常用。夹板也叫胶合板，是将原木经蒸煮软化后，沿年轮切成大张薄片，通过干燥、整理、涂胶、组坯、热压、锯边而成。

B. 夹板天花材质轻、强度高、弹性和韧性良好、耐冲击和振动。易加工和涂饰，绝缘。能创造出各式各样的天花造型，包括弯曲的、圆的、方的等。但怕白蚁，喷洒防白蚁药水可补救。

C. 夹板天花用漆时用了一段时间后可能会掉，解决的方法是在装修时一定要先刷清漆（光油），干了之后再做其它工序。另一种夹板的缺点是接口处会裂开，方法是在装修时用原子灰来补接口处。

1. 多层天花板挑高卧室温馨格局

美式卧房秉承温馨传统，天花板层次分明的造型挑高格局，游刃有余。

2. 多重光源共塑书房辉煌

吊顶的多重光源突出书桌区域，白光、金光交融相应，使室内雍容华贵。

3. "圆"的概念带来空间多样性

长方体卧室中，于天花板辟出大圆铜面吊顶，坠下同心圆吊灯，使空间变得方中有圆，圆下有方，充满多样性。

A. 方形镀漆铝扣板天花常在厨房、厕所等容易脏的地方使用，是目前的主流。

B. 铝合金扣板与传统的天花材料相比，质感和装饰感更佳。铝合金扣板分为吸音板和装饰板两种，吸音板孔型多样，底板大都是白色或铝色；装饰板特别注重装饰性，线条简洁流畅。

C. 金属天花与传统材料相比，色彩多样，防火、防水的性能较好，吸音、隔音效果好，清洗方便，且能保证很高的强度。但金属天花亲和力不足，给人以冷冰冰的感觉。而且成本较高。

D. 由于金属板的绝热性能较差，为了获得一定的吸音、绝热功能，在选择金属板进行天花装饰时，可以利用内加玻璃棉、岩棉等保温吸音材质的办法达到绝热吸音的效果。

🍃 1. 古典与现代的协奏

天花对角的木质中式元素充满古典韵味，中间的留白空间中心配以繁复的金属灯饰，将古典与现代结合得异常完美。

🍃 2. 利落专注　自显不凡

此卧室除了床和床头柜外，几无多余修饰，但专注于四面，天顶利用简约而讲究的设计，让空间雅洁不凡。

🍃 3. 点亮洛可可卧房空间的灯光

素白渐层的天花板造型，搭配水晶吊灯，对下方色彩偏暗的空间布置起了到拔高和轻盈化的作用。

🍃 4. 圆角天花板达到独特效果

整一面墙为玻璃推拉门的卧室，充分接触天花，吊顶四角成圆弧形，不再方方正正，更具灵动感。

1. 木质藻井式天花带来更多变化

藻井式天花的前提是，房间必须高于 2.85 m，且房间较大。可设计成一层或两层，装修后的效果有抬高空间高度的感觉，还可以改变室内的灯光照明效果。

2. 夜晚洒落的星光

简约的平板天花上散落排布的射灯，夜晚时就像洒落的星光一样惹人遐想。

3. 与屋顶完美融合的天花

山型别墅顶层房间的天花设计并不是一件简单的事。设计师巧妙地依据原有的山型结构，将天花设计成倾斜而不规则的栅格形状。既保证了居住的安全性，又不破坏屋顶结构与天花的和谐性。

A. 彩绘玻璃天花打破了传统的单调和局限，是以玻璃为基材的新一代建筑装饰材料，图案多样，可作内部照明，在居家装饰中焕发出独特的魅力。但只能用于局部。

B. 彩绘玻璃安装简便，更换容易。在购买时要特别注意彩绘玻璃的品质，绘出的图案线条清晰、无伤痕、色彩鲜艳、立体感强、透光性能佳，但并不透明。

C. 彩绘玻璃的规格应根据居室面积的大小、墙壁、地面及家具的色彩、图案等进行选择，以求配合得当，给人以美的联想。

1. 简约空间中并行不悖的焦点

现代简约风格的天花设计，除了周边的些许变化之外，灯具的选用也是亮点，花朵造型的主灯使简洁的空间中散发着浪漫温暖的气息。

2. 素净天花板更增大气

三幅图中的空间均属现代极简风格，同样白色素净的天花板呼应此特征，让空间更显纯洁大气。

A. 新一代复合材料天花，分为表层和基层。表层是添加了耐候助剂等添加剂的不饱和树脂，基层是添加了增韧剂经改性的聚乙烯基化合物，通过共挤形成天然的木纹效果，表现出与众不同的立体感。

B. 复合天花表面坚硬，可以有效地抗刮伤，抗磨损；在视觉效果上，对于面积较小的空间，尤其是厨房、卫生间，复合材料天花的实木纹路可以增加空间的层次感，让小空间宽阔起来。

1. 素净天花的雍容水晶

素白渐层的长块天花板造型，线条简单而流畅，搭配低调暗红色的水晶吊灯，既与淡雅的墙面和窗帘遥相呼应，又对整个空间起到拔高和简化的作用。房间主人简约、大气的个性瞬间得以体现。

2. 立体圆吊顶通照素雅餐厅

木作包覆的立体圆吊顶与下方空间采用同一色系，大玻璃罩里发出的白光，让用餐区萦绕在素雅的氛围中。

3. "圆"的概念彰显豪宅气度

在这大面积的空间中，设计师运用了"圆"的概念，无论是大尺寸圆形天花的设计，还是圆形餐桌的摆放，都彰显着豪宅的大气与华贵。

1. 对称比照的空间艺术

此空间色彩醒目，颇有个性，尤其顶面对称的黄黑块区，更形成鲜明地对照，极具视觉冲击力。

2. 长块内置光源弱化凝重感

衣帽间主调为深色，多少有点凝重感，上设长块内置光源，明亮而温和的光使空间变得轻柔。

3. 黑色调营造静穆氛围

屋主想必是学者般严谨的人，连餐桌及其对应的天花板部分都以黑色布置，落地灯弯伸于二者间，照出静穆的氛围。

A. 天花在室内空间中扮演着极其重要的角色，从造型设计的角度来看，天花提供给设计师的造型空间极具潜力，所能表达出来的形式语言非常多样。

B. 天花的设计直接影响着墙面和地面的装饰造型，许多设计往往都是从天花开始的，并以此影响和制约其他界面的设计样式和风格。

C. 天花设计在空间方面有定位作用，一般情况下天花与地面是相互对应的关系，在平面布局规划确定之后，天花就应该表现出与使用功能分区和人员流线组织相关的定位关系。

A. 长方形起居室的中心不一定是视觉中心，因为长方形的走廊一边可能是交通空间或与餐厅、厨房等相邻，设计师在决定了天花板的中心时，应该以沙发和电视墙面为轴线，走廊和相邻空间的天花板就应该有其它形式的定位或引导作用，以对使用功能和活动区域进行暗示和视觉上的表达。

B. 在界面比例的调整上，天花在高度上的定位是一个动态因素，也就是说，没有一个固定的高度参数被认为是合适或不合适的，这完全取决于空间的比例和形状。

1. 多层次雕花线板挑高、美化空间

欧式古典风格的空间总让人有审美的冲动，设计出逐层递进的雕花线板顶面，不仅挑高了空间，华美的灯饰在天顶投出光晕，更使之美感倍增。

2. 欧式复古吊灯提升客厅品质

豆腐块状的吊顶环绕光带，似乎将天花板托起，上面的复古吊灯与欧式空间若即若离，相当巧妙。

3. 简约中的俏皮意味

为配合空间的简约风格，天花的设计也极其简单，不规则排布的方形灯圈为简单的天花增加了一丝俏皮的意味。

1. 水晶吊顶独挑大梁

餐桌上方设计了几乎与其同等长度的水晶吊灯，形状像倒置过来花圈，成为餐厅的焦点。

2. 仿若众星拱月的艺术天花板

个性化的用餐空间中，设计圆顶天花板，花形内蕊和星点般分布四周的小灯，让顶面宛若众星拱月的苍穹。

3. 沉静素雅的菱格天花

天花净白素雅，线条明快简洁，格子分明，通过面板高度，方向以照明和颜色的变化，将吊顶表现得通透又沉静；流苏型灯饰，华贵而线条优雅。整体结构既简单，又表现出强烈的层次感。

4. 清新的纯白空间

白色的木质天花，银色的金属复古吊扇，为空间打造了一种流行的清新感。

1. 镜面作墙置换空间感

吊顶四周的光带辉映中间的吊灯，并一同被镜面墙复制出来，仿佛变幻出对称的新空间。

2. 覆盖大厅的纯白分层顶面

自然色主打的休息区，蓝色沙发床和纯白分层顶面营造出惬意、舒适的氛围。

3. 中式风与现代风的融合

客厅明显地以新中式风格设计，吊顶有一个凿空的圆，挂着现代灯饰，自然光线和灯光倾泻而下，使空间明亮通透。

1. 艺术感直逼画廊的家宅

这一空间没有画廊来得空旷，但在艺术氛围上不输丝毫，区域界定、家具布置、色彩搭配等无不完美。尤其那九头蛇似的吊灯，极尽婀娜冷艳之态，更让人怦然心动。

2. 光影共舞使书房灵动起来

书桌后的墙面顶端安装小射灯，天花板在吊灯和内置光源的共同作用下，形成云蒸雾绕的影像，肃穆的阅读空间由此灵动起来。

3. 小小的，很温馨

几盏小小的铸铁吊灯置于用餐区域，橘黄的光让此空间温馨和美。

4. 黑白色系主导客厅时尚

以黑白两色为主调的客厅充满时尚感，纱罩吊灯与矮茶几相呼应，透着冷峻理性的气质。

A. 天花表面应该是具有较高反光系数的浅色材料，以保证空间的光线反射和照度均匀。低矮空间的天花做成深颜色会产生压抑感。

B. 由于电气设备和线路的铺设，天花是极易引起火灾的危险部位，尤其是装饰天花采用的木材、合成材料、油漆等均为易燃材料。这就要求对木材等材料进行防火处理（浸泡或刷防火涂料）。电气设备的发热和线路接头，也是需要重点防范的。

C. 与地面、墙面相比，天花的重质应以轻质材料为好，重质材料存在安全方面的隐患，从施工的角度来看，重质材料也不利于安装、维修及更换。

D. 天花的重量也不是越轻越好，空气负压和空气对流都有可能对轻质天花造成破坏，比如有可能造成局部掀起、破裂或者是整体失稳，因此装修规范中，明确提出吊棚的吊灯长度不应该超过150 mm。

1. 极具视觉延伸效果的天花

两根相交的木梁架，各自长出分支，布满整个顶面，每根木梁似乎还在延伸，使天花板充满视觉想象力。两边的吊灯虽然款式一致，但仍将客厅和餐厅区隔开来，达到有条不紊的效果。

2. 铁艺吊灯散发怀旧气息

色彩素朴的空间并无明显区隔，低沉的家具在铁艺吊灯下散发着浓重的怀旧气息。

3. 木质天花的田园梦境

平铺的原木天花给人质朴的印象，侧边的灯饰造型简约，色彩纯粹，两相搭配，带来一种田园的质朴味道。

妙用建材提升家居品质
MATERIALS PROMOTE QUALITY

建材自然是构筑空间的主要元素。选择什么样的建材，哪里使用什么建材和怎么使用建材，这些问题在追求品位的业主那里都是需要考究的。妙用建材不仅能省钱、提高空间的利用率，还能提升家居品质和格调。

妙用建材提升家居品质
Materials promote quality

建材自然是构筑空间的主要元素。选择什么样的建材，哪里使用什么建材和怎么使用建材，这些问题在追求品位的业主那里都是需要讲究的。妙用建材不仅能省钱、提高空间的利用率，还能提升家居品质和格调。

1. 圆形吊顶统照餐厅

在简约风格的餐厅中，设计师设计了中间有三块组合隔板的大圆吊顶，以内置光源照明，使空间光线柔和、婉转。

2. 简易天花呼应理性空间

灰色调的空间呈现冷峻、理性的气质，为了呼应这一风格，设计天花时去掉了中心的灯具，只用隐藏在凹槽中的射灯照明，彰显大气、简约。

1. 镜面天顶倒影奢华

镜面作天花板，辅以不规则十字架，中间的吊灯和四周的光带用以照明，前者还倒映在天顶上，好像让光源多出一重，给空间带来深邃感。

2. 零星分布的射灯带来动感

客厅的色调偏暗淡，因此多少显得呆滞，于天花板零星设置小射灯，配合近地灯饰照明，空间就此有了灵动感。

3. 玻璃天棚的透明意象

别墅的斜屋顶在设计师的精心设计下，不仅拉高了天花板，使空间向上延伸，透明玻璃材料地运用也使得空间更加通透、明澈，置身室内仿佛也能沐浴阳光。

1. 三角木梁造南欧风卧房

在天花的设计中采用了大量木材元素，营造出浓厚的自然氛围；欧式古典灯饰与串联的三角木梁相呼应，一切都彰显出温馨、明媚的南欧风情。

2. 欧式复古吊灯辉映洛可可风格空间

石膏天花板遍布酒红色的卧室，减弱了空间的暧昧感；欧式复古吊灯又提升了照度，与隐匿的壁灯相辉映，让这个具有洛可可风格的奢华卧室之上更添堂皇。

A. 天花是一个非常重要的声学界面，天花造型通常与声音的扩散、吸收、隔离等联系在一起。

B. 天花装饰的造型分为平面式、凸凹式、悬浮式、井格式、发光天棚、构架式、自由式、穿顶式、斜面式、雕刻式。

C. 平面式即天棚整体关系基本上是平面的，表面上无明显的凹入和凸起。其装饰效果主要靠辅加的装饰线、图案、色彩和绘画等手法来体现。这种天花构造简单，造价较低，一般不用在重要场景和面积过大的空间中。

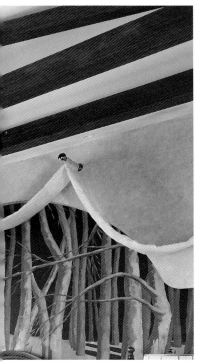

1. 造型天花板营造艺术餐厅

此餐厅的奢华自不待言，尤其天花的设计匠心独具：紫荆花朵造型的吊顶，花心上装一铁艺吊灯，给餐厅平添艺术气息。

2. KTV装修风格渲染客厅梦幻感

整间客厅以KTV风格装修，天花板开出两只天眼，虎视眈眈地看着下方色彩斑斓的空间，处处渲染着梦幻般的色彩。

3. 花团锦簇的复古格调

房间的色调偏暗，黑金色的窗帘演绎夜的魅惑。造型简单的天花上绘以古典的花纹，造型古典的灯托上仿若蜡烛的灯具，打造出空间花团锦簇的复古格调。

1. 木作吊顶与复古地砖的交流

洋溢着古朴风的休息厅，吊顶完全以木作构成，中间设计一个天井，状若莲花，而地板用复古地砖铺成，呼应吊顶，加上三两盏红纱帐灯饰，共同构造出自然而浪漫的空间。

2. 斜面天花打造质朴田园

斜面天花板会吸引人的视线，使空间生动起来，也可以使空间体量明显地变大。深色的木质天花打造出一种质朴的田园气息。

3. 用镜面映射美丽

当繁复的镂花墙壁与镜面天花邂逅，仿佛绝美的公主遇到魔镜。镜面天花不仅增加了空间的层次感，还映射出镂空墙壁的奢华美丽。

4. 古朴深邃的木质天花

古朴的木质天花在柔和的灯光下显得沉稳、踏实，配以中式风格的多层收纳橱柜，大气高贵又不乏温馨。

🍃 1. 巧用天花区隔空间

新中式风格的空间中，利用大梁隔开书桌区和会客区，并以木条围绕的顶面凸板强化区隔效果。

🍃 2. 全木质空间塑造清新乡村风

用木材打造出来的空间，自是满屋的乡村气息；帽状铁罩灯定位出相对独立的用餐区域，给人一目了然的清新感。

🍃 3. 气派餐厅自有妙用

餐厅以深色主导，几乎处处横直的线条让空间简洁而气派，木作墙面和吊顶透着沉稳的气质，曲线流畅的华美吊灯在餐桌上方起到画龙点睛的作用。

TIP

A. 悬浮式天花是将各种形状的平板、折板、曲面板或是其他装饰构件，织物等悬吊在天棚上，施工期间可以将悬浮构件预先加工完成，然后悬挂在天棚上。造型比较灵活，宜表达浪漫色彩，给顶棚上的管线和设备维修提供了方便。

B. 井格式天花多半利用建筑原有空间关系，在井格的中心和节点处设置灯具，与中国传统的藻井天花极为相像，这种样式的天花多用在客厅和比较正式的场合，表达稳重、庄严的气氛。

A. 构架式模仿传统木结构民居的屋顶檩条、横梁，追求原始、朴实的乡土气息，灯具可选择纸灯、木质灯和仿制油灯等。构架式天花造型不一定模仿传统民居的构架形式和尺寸，象征性的木板条可以调整天棚上平淡的色彩构图关系，同样可以达到轻松、自然的效果。

1. 融合现代与古典的大宅设计

洞开天窗的顶面探下复古铁艺吊灯，呼应栗色主导的餐桌椅，在白色和金黄融汇的空间中自成一体，同时透出现代的明丽感和古典的庄严感。

2. 深色天花的温暖触感

暗色的木质天花与房间整体的田园风格相协调，藻井式结构带来典雅的韵味。

3. 多角椎天花板挑高空间层次感

中式木质桌椅上方，辟出多角椎木作天花，于现代空间中构造相对独立的古典区域，又挑高了空间的层次感，可谓一举两得。

4. 木板天花的混搭效果

房间大面积使用镜面作为背景墙，呈现一派现代华丽之风，而木质天花收拢了过于张扬的风格，为空间增添了一抹沉静的田园色彩。

1. 轻盈与沉稳并重

大梁隔开的格状吊顶，辅以灯饰，轻盈灵动；洛可可家具以复古地砖承载，优雅奠基于沉稳之上。整个空间落落大方，从容不迫。

2. 混搭空间尽显珠联璧合之美

巴洛克式的天花板、复古灯艺、现代沙发、中式橱柜等元素，有序地布置在这个开放空间中，大梁和吊灯界定餐厅和客厅，一切井然有序而尽显珠联璧合之美。

3. 古色古香古派头

大宅以新中式和美式风格装修，一眼望去，古色古香，韵味十足。

A. 自由式天花是指形式上的多变性、不定性。曲面、曲线和弧面是较常用的手法，错落、扭曲和断裂也是常见的造型形式；有些天花造型看上去和天棚并没有太大的关系，还有一些可能与墙面、家具以及其他造型元素融为一体。

B. 穹顶式天花板多呈现出球状、抛物线状或棱锥状，可使天花板看起来更具有弹性和可塑性。欧洲古典样式的穹顶多与采光结合，配以雕塑和壁饰，增强了空间的可塑性，气度非凡、雄伟壮观。

C. 山形墙、斜面天花板（多出现在顶层阁楼）会吸引人的视线往上看，使空间生动起来，也可以使空间体量明显地变大。当位于双斜坡屋顶之下时，天花板面可以具有四个方向的斜面。

D. 比较低矮的住宅空间做任何形式的吊棚都不合适。但是如果不做任何造型装饰会觉得天棚过于简单，最佳的解决方案是选用有雕刻工艺的灯盘或天花装饰板。雕刻工艺可以使整个天花看上去有一些细部，灯盘的厚度又不大，不会使空间产生压抑感。

E. 天花板的设计主要还是要搭配整体风格，这样才会让空间的整体性更高，居家的光影柔和，视觉上也会比较舒适。

1. 黑白比照的质感空间

顶面天窗伸下吊灯的同时也引入了更多的自然光，高低、黑白的对比使空间极具质感，透着冷峻的艺术气质。

2. "漂浮的"大圆柱吊顶制造太空感

在现代极简的餐厅中，设计一个大圆柱吊顶，其周围的环形光带让它像是漂浮在上空，制造出身在太空般的感觉。

3. 悬空吊顶为空间增加动感

这是一个小巧多彩的空间，纯白天花板上设计了用钢绳悬空的木作吊顶，为空间带来更多动感。

4. 极简与圆融的协奏

一边的弧形走向，上下对应的圆形吊顶和圆桌，让黑白分明的极简风格餐厅常有的僵硬冷感消失于圆融。

A. 玻璃天花一般应用于客厅、书房等。用色彩丰富的彩花玻璃、磨砂玻璃做天花很有特色。为了使用安全，在天花和其他易被撞击的部位应使用安全玻璃，如钢化玻璃和夹胶玻璃。

B. 用晶莹剔透的艺术玻璃天花既没有金属材质的冰冷，又没有传统装饰的厚重，透亮玲珑、轻盈活泼。在钢筋水泥的城市中，艺术玻璃正以它无与伦比的通透之感，美轮美奂的装饰效果日渐成为室内装饰材料的新选择。

C. 集成天花一般应用于卫生间、厨房。卫浴空间要求舒适、节能、安全、美观，外观简洁，功能全面的"卫浴集成天花"成为了当前家庭卫浴装修的趋势之选。

D. 间接天花使用间接灯槽（又称为层板灯），通常是在空间四周打上层板灯，产生的光线、氛围是比较柔和的效果，而且会让空间有挑高感。

E. 流明天花将灯具内嵌在天花板内，并且用透光材质封起，如白膜玻璃、雾面玻璃等，流明天花的光线呈现均匀且明亮的效果，类似于天窗，常用在餐厅和厨房。

1. 隐藏的灯光

看似拼接的天花其实有柔和的橘色灯光隐藏在其后，这就是隐形装修的优点：只让你看到灯光。灯饰闪烁着仿佛羞涩的光芒，为家增添一丝温馨。

2. 多层次条纹天花的几何之美

白色系的天花也可以摆脱单调。设计师别出心裁，设计出按层次递进的条纹顶面，不仅挑高了空间原有的高度，一盏圆形的白色顶灯与天花的条纹遥相呼应，呈现出理性的几何之美。

1. 木作的宁心之境

书房需要营造安静的氛围，所以色系和装修都必须简洁宁静。灯光柔美，造型流畅的天花板最能体现书房的特点。

2. 镜面天花提升层高

小而低的空间里，天花板上嵌入大镜面，提升层高，削弱人的压迫感，与正下方的餐桌构成独立的空间。此外，一盏锥形吊灯从天花板悬下，投射的明亮光区使餐桌更为醒目。

3. 别出心裁的木作构架

狭长的卧室，顶上辟出一块内凹的木质构架，为现代感的空间加入无法忽略的古典元素，颇显别致。

A. 特殊造型天花板又可分为不规则或是圆弧天花板，圆弧形的设计可以软化空间的僵硬，不规则形的天花造型可以用阶梯修饰梁的存在感，或用线条使空间更有延伸效果。

B. 无天花装修的方法是：顶面做简单的平面造型处理，采用现代的灯饰、灯具，配以精致的角线，给人一种轻松自然的怡人风格。

C. 很多房子因为采光或其它特殊需求，不但需要天花，而且需要对顶面进行特别设计处理。所以说是否要天花，吊什么样的顶都需要根据房间的实际情况和个人爱好进行取舍。

🍃 **1. 金属质感的时尚天花**

大尺寸的深色玻璃与金属打造的天花充满强烈的现代时尚气息，给人以强烈的印象。

🍃 **2. 隔层蕴藏云霞般的光**

挑高的天花板上设计方形隔层，把光源藏在里面，灯光在隔层和顶板之间柔化辐散，外溢的部分犹如云霞，让本来略显呆板的空间多了一些飘逸感。

🍃 **3. 天花区隔餐厅与客厅**

餐厅上方的石膏天花造型简单，与整体的简约风格相得益彰，餐桌上方悬挂的简单而不失精巧的白色吊灯，凸显层次感。

🍃 **4. 金属的典雅与时尚**

长形天花是常见的样式，不同的是设计师使用雕花的金属板覆盖，与间接灯光一起打造典雅与时尚相结合的混搭风格。

A. 一个构思巧妙，适合房子特点的天花不但可以弥补房间的缺点，还可以给居室增加个性色彩，选择天花就等于选择自己居室的表情。

B. 天花板的装修，造型和尺寸比例须以人体工程学、美学为依据进行计算。从高度上来说，室内净空高度不应少于2.6 m。否则，尽量不做造型天花，而选用石膏线条框设。

TIR

A. 装修若采用轻钢龙骨石膏板天花或夹板天花，在其面涂漆时应先用石膏粉封好接缝，然后用牛皮胶带纸密封后再打底层、涂漆。

B. 铝塑板在实用效果上却大不相同。因为在安装铝塑板的过程中，要采用木工板撑底，但是这种做法是非常不明智的，如果在防潮上处理不好，后果将不堪设想。

C. 家庭装修时一般有两个地方要考虑安装铝扣天花板，一是卫生间，一是厨房。市场上的铝扣板花样繁多，但大体上只分两种，即色彩繁多的平板型和白色的镂空花型。

D. 卫生间的天花板要选择镂空花型，卫生间在安装天花板后，房屋的空间高度会降低很多，在洗澡时人会感到憋闷，而镂空花型的天花板则会发挥很好的作用。

1. 纵贯线让空间更灵动

在混搭风格的空间里，白色顶面两根大梁之间设计出四条深色长线，纵贯天花板，区隔出客厅和餐厅这块开放空间；靠外的两条线对称布置小灯，化解了顶面的单调感，与下方区域相呼应，营造出十足的现代感。

2. 天光与空间的协奏

墙面与天花板融为一体，倾斜幅度较大，其上开出两片天窗，引入充足的天光。横木楼梯下侧的空间变得明亮清晰，视野大为开阔。

3. 与自然的亲密接触

设计师大胆地突破传统封闭式天花的局限，以简单的交叉式原木天花作为上下层之间的隔断，雪花片般的吊灯散发出温暖的橙光，整个空间弥漫着自然的气息，舒适而温馨。

4. 透明屋顶增添童话色彩

咖啡色横梁支撑的透明玻璃天花，将自然气息引入室内，无论白天黑夜，大自然的天空和树木抬眼可见，赋予空间独特的童话色彩。

5. 实木包覆的天花板营造自然风格

顶面由实木包覆，一直延伸至走廊尽头，并与小木屋连体，营造出充满自然风格的空间。

6. 倒影中的华丽

可以映照出奢华灯光的天花是家中瑰丽无比的亮点。昏黄色的灯光荡漾在金银色的天花上，令人联想起了方文山的那首词："月色被打捞起，晕开了结局。"

7. 绝美灯艺烘托整体的出色造型

设计师辟出镜面造型的天花板，缀以风格独特的浅色灯艺，界定下方的餐厅区域，又让餐厅在一侧的墙镜中延伸，营造虚实相生、如梦如幻的空间。

🍃 1. 全木作倾斜天花板的温暖

以杉木作材质，打造整块天花板，顺着墙势延伸出两个斜面，并在浴缸上方挖出了一个正方体的空儿，减弱了顶面下压造成的压迫感。整个空间由于布局精当、用心，天花板与侧墙色调和谐一致，因此给人温暖圆融的氛围感。

🍃 2. 妙用编织手法

天花板中央方正平坦，四端倾斜，木梁以针线编织的手法将它连为一体，像贴在顶面的大型中国结；正中悬挂铁艺烛灯，与木架天花板构成一件乡村风格的艺术品。

🍃 3. 板木与灯光相衬

一块板木穿过大梁遮住 1/3 的天花板，两边各自挂下白色提笼灯，区分了餐厅和厨房；提笼灯与板木相得益彰，衬出简洁优雅的空间。

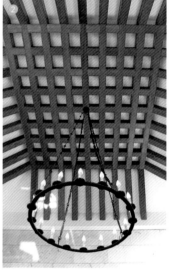

1. 天窗式灯光打造纯净感

在这个大面积为木板装饰的房间内，任何形式的吊顶都是不合时宜的，设计师应用片状灯光，形成了天窗式的造型，纯白的灯光仿如从自然天窗中射入的阳光，营造了奇异的纯净感。

2. 双斜面天花拉高空间

木质的双斜面构架式天花提升了空间的高度，原木的材质打造田园气息。

3. 自然材质带来舒适睡眠

与床头背景墙为一体的天花简洁而流畅，天然的木材质地营造出轻松愉悦的睡眠气氛。

A. 镂空花型的天花板会使水蒸气没有阻碍地向上蒸发，同时又因为它薄薄的纸样隔离层，使上下空间的空气产生温差，水蒸气上升到天花板后，很快凝结成水滴，又不会滴落下来。

B. 厨房的天花板要选择平板型，厨房油烟会很多，清洁时，天花板是一项很重要的部分，几乎会有70%~80%的油烟在天花板上。平板型天花板用布擦，用刷子刷，都可以很快搞定。

C. 天花还兼有隐藏电线的功能，也便于厨房卫生的清理。一般厨房和卫生间天花，首先要注意"三防"，即防水、防潮和防火。所以在材料的选择上，不提倡采用木龙骨。

D. 玄关是我们进大门能够第一眼看到的地方，这里的天花板装修可以做有创意的天花，让我们忘记工作一天下来积累的疲惫。

利用天花完成区域划分
THE CEILING DIVIDED ZONES

许多人以为天花板只是空间的顶面，除了承载上层和美化效果外，并无其他用处，殊不知它还有一个极为重要的功能——区域划分。主观能动地利用好这一功能，会让空间更具观感和品位。

056

利用天花完成区域划分
The ceiling divided zones

许多人以为天花板只是空间的顶面，除了承载上层和美化效果
外，并无其他用处，殊不知它还有一个极为重要的功能——区
域划分。主观能动地利用好这一功能，会让空间更具观感和品位。

1. 内藏顶光强化卧室温馨感

金碧辉煌的卧室空间，顶面辟出暗藏光源的天花板，白光
与金光融合，增强温馨感。

2. 恰到妙处地运用线板

古典风格的大客厅中，华丽的吊灯搭配层次分明的线板，
挑高天花板，配以金黄色和白色两种颜色，彰显多彩的空
间语汇。

1. 顶面与灯饰分隔功能区间

此套房子为复式，客厅和餐厅以立柱隔开，客厅是挑高的天花，而餐厅则有自己的天花区域，设计师使用白色的藻井式天花打造出繁复奢华的风格，金色的水晶吊灯与房间整体的金色相配，更显出精致的古典韵味。

2. 波纹状透明天花板的运动感

这是个家庭台球室，设计出波纹状的透明顶面增强运动感，黑纱罩吊灯则提供了艺术化的照明。

3. "覆水渠"界定楼道

天花板以翻覆过来的水渠造型设计，挑高了空间，让原本狭窄的楼道变得开阔、敞亮起来。

A. 客厅天花板的装修较为复杂多样。客厅作为房屋最重要的居室，其花费的装修精力也是最多的。常见风格是用一个矩形的框架装点天花板，内嵌霓虹灯，矩形框架的中心是整个客厅的亮点——"灯"。

B. 对于很重视聚餐的中国人来说，餐厅的装修很重要。餐厅天花板装修也相对比较风格多变。当然，最主要的还是突显餐厅的优雅。

C. 佳节团圆或是周末聚会，少不了装修优雅的客厅或餐厅。在天花板的边线上没几个霓虹，可以调节餐厅的气氛。

A. 疲惫了一天之后，需要的是温馨宁静的休息之地。卧室的天花板要简单温馨，不需要太多修饰。欧式的装饰加上一些花纹，天花板边缘置上几个灯泡，中央的灯饰不要安在床的上方。

B. 书房吊顶洁净，白色为宜。沉入温和的环境之间，四周简单而纯白，安心的氛围能瞬间让主人心境平稳，情绪沉淀，更好地投入到工作学习中去。

1. 同心·圆顶面的区域分割

顶面是多层次同心圆，辅以零星分布地内置光源，与地上的椭圆形相呼应，分割出敞阔的门厅区域。

2. 含蓄的马赛克墙面

卫生间的镜面墙以马赛克细瓷砖铺就，契合整个空间素朴的风格，更增添了含蓄感。

3. 内置白光辉映纯净卧房

如此素雅的白色调空间，以内置长光带分隔出卧室和更衣室两个区域，两盏筒灯更鲜明地界定出该区域。

4. 造型简单，大气内敛

现代简约风格的客厅，配合地设计了大梁夹平面造型的天花板，色调与整体一致，让整个空间更显大气非凡。

1. 枕木梁带来安稳感

床的主体在斜顶下方，尾部对着枕木梁天花板，营造踏实安稳的睡眠氛围。

2. 几何造型让空间灵动起来

纯白天花板中设计数个几何空当，置一造型可爱的吊灯，与下方区域一齐烘托出灵动的整体。

TIP

A. 金属格栅、金属板、亚克力板造型、特性金属造型等材料的吊顶，严格要求设计师加工大样图，控制尺寸误差和相互之间的关系。此类装饰可拆卸和装配，适合工厂化、模具化生产。

B. 涂刷类的油漆和涂料都适合曲面、复杂、无接缝的表面处理。涂刷类的颜色和肌理非常丰富，如裂纹漆、金银漆和各种仿自然纹理的特征漆。

C. 裱糊类的天花板装修有壁纸、棚纸、金箔、银箔和锡箔等。按照喜好选择适合自己的天花表层，纸箔等材料会展现出更独特的、属于主人的特质。

D. 装饰材料有粘贴和镶嵌两种类别。它们用在天花板表面，如玻璃、镜片、马赛克、金属板和各种装饰板材等。装饰量过大会让人视觉疲劳，也不利于长时间的维护。

1. 吊顶天花的空间区隔作用

客厅与餐厅同在一室，没有设置地面隔断，以总体风格一致、灯饰迥异的，隔着大梁区分的天花吊顶弥补了这一空间缺憾。

2. 弧形灯槽的分割作用

天花上专门设计的弧形灯槽一方面与钢琴相称，柔和而优美，另一方面则将客厅与演奏区分开，达到互不干扰的目的。

3. 架空吊顶让天光触手可及

设计多层次的外凸天花板，并架空，自然光从侧旁涌入，充满餐厅，又不太亮，恰到好处。

4. 简约却不简单的造型设计

简约风在天花的设计上应用颇多，而如何在简单的表面设计出简约的精髓却并不那么容易。该案设计师使用悬挂式吊顶，既美观大方，又不失浪漫情怀。

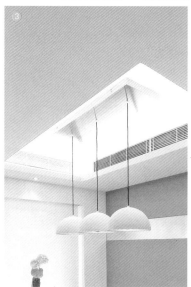

A. 轻快感是天花板造型的亮点，回到家一开门，看到一个厚重的天花板会让人感觉到压抑，不适合疲惫的心情。上轻下重才符合人的视觉和心理需求。

B. 天花板的设计应尽量符合和利用建筑原有的条件，和结构形式相结合，因势利导；与平面布局逻辑一致，包括子母空间、虚拟空间的形成，还有视觉导向、区域定位等问题。

1. 简约而不简单

极简风格的卧房里，两侧长墙和顶面均为白色，后者内置两三盏筒灯负责照明，整个空间简约而不简单，尽显从容大气。

2. 令人惊叹的造型变化

设计师非常关注天花的造型设计，在充分考虑空间特点的基础上，大胆地采用这种令人瞩目而又变化多端的天花造型，使之成为空间焦点。

3. 种在天花上的水晶灯

水晶因其独特的视觉效果倍受青睐。一盏璀璨绚丽的水晶灯，既能提亮空间，又能形成视觉中心从而增加体量感。

TIP

A. 天花板的设计必须与室内其他因素相结合考虑。注重相邻界面的关系，是整个家居装修的重点。和谐的陈设会让天花板的装饰更突出，完整性也很重要。

B. 照明是天花板的双眸，默契地配合使两者更有装饰性和美感。天花板造型和灯具使照明除了满足一般的亮度需求以外，还要具有外形上的装饰功能。

C. 天花板已经不单是具有美学意义的装饰载体，还得隐藏住杂乱的设备，表现出科技的倾向。

D. 应当尽量避免大面积过暗或过亮材料的使用。天花板的颜色过暗会使光线性能降低，颜色过亮或者刺眼的材料易使人感到不适。选择适当的材料和颜色很重要。

E. 依靠装饰造型的手法将墙面和天花板作为同一个界面来减弱墙面与天花原有角度的几何特征，可以使两者在色彩和质感上形成棚墙一体的感觉。

F. 采用压脚线（木角线、石膏线）、压直板（石膏板、木板条）的方法，可体现一定的装饰效果，且能弥补建筑施工时产生的误差，更好地保持墙面与天花所形成的垂直关系。

G. 做天花吊棚时，墙面与天花分离也是现代装修常用的一种手法。在两者的交界处留一定的缝隙或空间，使两者不发生任何关系。这种"界面分离"类似建筑设计的"解构主义"。

H. 有时为了使天花板和墙面之间的分离感更加强烈，设计者在两者的交界处配以虚光照明，以此形成一种天花犹如悬浮在空中的奇妙感觉。

A. 设计合理、材料优质优选、施工工艺精湛规范，才能保证吊顶工程的质量与安全。

B. 悬挂式吊顶，除了材料选择必须规范，还要严格按照施工规范安装，位置正确了连接才能牢固。吊顶、墙面、地面的装饰材料应是不燃或难燃的材料，木质材料要做防火处理。

C. 吊顶式天花板里一般都要铺设照明、空调等很多的电气管线，必须十分严格的规范作业，以免引发火灾，造成损失。

D. 家庭装修中，检修孔的设置是十分必要的。虽然会小程度上影响美观，但是在吊顶内管线设备出现故障时，可以及时检查，确定出现问题的部位，便于及时修理。

E. 铺设管线的吊顶在设置检修孔时，可以选择在比较隐蔽但易检查的部位，并对检修孔进行艺术处理，譬如与灯具或装饰物相结合，在凹槽中设置等等。

🍃 **1. 实木轨道顶梁分隔空间**

整个空间以洛可可风格定调，为了隔开用餐区和会客区，在天花板中部设计实木梁搭成的轨道，效果立见。

🍃 **2. 瓷砖天花板增添空间亮度**

欧式古朴的卧房，整体色彩偏黯淡，将天花板以整块的浅色瓷砖打造，辅之筒灯照明，使空间骤然明朗。

🍃 **3. 小厨房，大顶灯**

全副现代化装备的厨房，小小的，布置紧凑，顶上设一方形大灯，瓦数充足，使空间变得敞亮。

1. 奢华吊灯各管各区

此空间中，吊顶装饰的卓越区隔功能再次显现，更突出地分开黑色调的会客区和白色调的用餐区。

2. 断层在顶面的妙用

天花板的设计配合下方布置，在吧台靠墙一角的顶上转折，向客厅延伸。

3. 天花板造型艺术使空间如梦如幻

同心圆和层板搭配造型的天花板，将空间分割得并然有序，营造宫殿般的梦幻感。

A. 厨房、卫生间吊顶采用金属、塑料等材质，可以避免变形和脱皮的问题。一般易吸潮的饰面板和涂料在无法把蒸汽排掉的情况下，就会变得软烂变形。

B. 抽油烟机和排风扇无法完全排掉蒸汽和油烟。因此，厨房和卫生间要适当地使用吸潮材料和金属、塑料之类的扣板。有利于天花板的防潮、防油烟。

C. 安全玻璃分为钢化玻璃和夹胶玻璃。天花装修时使用材料不受易发生事故。为了安全起见，用到玻璃或灯箱装饰的吊顶时要使用安全玻璃。

A. 家居装饰中应用天花吊顶装饰的越来越多，但目前大多数家庭的室内高度为2.75 m左右，吊顶使室内空间缩小，但人们普遍认为家居装饰不吊顶就没装饰好。

B. 一些家庭的装修中通过装饰天花板吊顶，不但掩饰了建筑物遗留下的先天不足，也为家居整体水平提升了档次。把天花装饰成艺术感极强的造型图案，这点就做得很好。

C. 在四方平整的家居建筑顶面，主次梁没有突出来的话，装饰时就没必要大动干戈地把四周都跌一两级。清淡的阴角线或平角线等线条都可起到装饰的作用，不一定要用吊顶的手法来处理。

D. 有的家居装修时喜欢把居室装饰成商业气息浓厚的空间，天花板吊顶跌级内装满日光灯带，四周装满彩色日光管。其实，顶面装饰过于繁杂，会造成视觉上和心理上的负担。

1. 实木主打空间的敦厚气质

两种造型的实木吊顶既区隔出餐台和客厅，又为整个空间带来敦厚的气质和雍容的品位。

2. 最是那延伸的自然风

现代简约的卧室里，床正对着的吊顶以原木镶出宽边，延伸至床头，营造充满自然气息的睡眠空间。

3. 石膏砌出的精致转角

石膏天花能够很好地结合，造型复杂的工艺易于完成，适合于凹凸、转折、曲线等装修形式。

1. 巧克力色方格天顶映衬空间淳美感

如此富丽堂皇的大厅，让人炫目，两块巧克力色的方格天花板区隔了空间，又增添了厚重感，且不失淳美。

2. 冷暖灯光协奏曲

白色冷光吊灯和空间的暖色调，使其出落得雍容大方，雅致动人。

3. 发光天棚带来的空灵气质

设计师将灯具镶嵌在天花板内，白色的光线均匀、明亮、纯净，似乎能涤荡心灵。

1. 秀奢华，更秀经典

深色帷幔与欧式古典水晶灯高悬于吊顶，映衬着整体空间的贵族气质，秀出奢华，更秀出经典。

2. 华美吊顶减弱空间呆滞感

下层空间黑白色相间的风格略显呆滞，在顶上开出挑高的线板天花，缀以经典烛式吊灯，整体相对轻柔起来。

3. 多层次线板彰显巴洛克风格

吊顶以多层次线板和欧式水晶灯设计，与巴洛克风格相契合，将古典的设计元素运用得炉火纯青。

TIP

A. 使用吊顶的原因有很多，有的装修是为了掩饰原有建筑中的梁和管道，还有的就是为了使高度尽量趋于相同、天花板看起来层次一致。

B. 能使客厅看起来很流畅的天花板必然做出过很全面的考虑和设计。业主有时把客厅里不适当的主次梁用吊顶的装饰去化解或者掩饰掉，简单得让人感觉不到隐去的方法。

1. 中式的大气磅礴
干净的天花造型，流畅的线条，搭配线条硬朗的层叠古朴吊灯，使空间的大气磅礴之感立现。

2. 镜面天花板界定独立健身区
以镜面作天花板，中线置两盏射灯，界定出健身区。

3. 光影上投的吊灯使空间轻盈
空间呈现代简约风格，床上方的吊灯不同寻常，将光影投至天花板，营造漂浮轻盈之感。

A. 面对客厅里不适当的窗帘盒，也是有方法将它隐去的。最简单的做法就是在梁底向外吊平顶，这样看上去便不会特别突兀。最好和其他需要隐去的部分相结合。

B. 天花板的装饰充分发挥着和空间的交融性，空间划分的合理性以及整体布局的一致性，使得天花板和家居展示体现出更强的层次性。打开房门后视线里的协调是居住者最喜爱的。

C. 装饰与下面的空间相一致，吊顶密切配合平面设计的功能分区，充分发挥天花板装饰的合理性，各个房间设计的空间层次和引导的流向都会展示出它的和谐一致。

D. 天花板装饰与地面装饰不同，它有所谓的空间标高可变性。装修天花板时应利用这一特性，在整体家居装修一致的前提下照顾好局部，使天花板在整个空间组成中富有变化。

E. 天花板的布置局部可以富有变化，但材质不宜多选，一至两种就可以。整体尽量简洁，色彩淡雅。最主要的还是要和整个家居环境相一致。

让天花和地饰完美匹配
PERFECT SOFT LOADING

一个空间的气质往往由天花和地饰的配合来定调。不管以什么特点，是对比、融合还是呼应……只要能使天花和地饰二者完美匹配起来，空间的风格必定令人铭记。

070

让天花和地饰完美匹配
Perfect soft loading

一个空间的气质往往由天花和地饰的配合来定调。不管以
什么特点，是对比、融合还是呼应……只要能使天花和地
饰二者完美匹配起来，空间的风格必定令人铭记。

🌑 天地共造辉煌空间

造型天花板那一方灿若金银山的光带，几乎将
正中的水晶吊灯融于无形，配合下方空间金黄
色主导的家居布置，使整个客厅尽显华贵雍容
之王者气象。

A. 考虑到安全问题，可燃性材料在天花板装修的时候是不可用的。构架一般采用轻钢龙骨，面村选用各类石膏板、铝型板、水泥纤维板（俗称埃特板）、铝合金扣板、条板、格栅等。

B. 无论怎样装修，打破原有的协调性是不对的。天花板颜色的选择要与空间的整体气氛相吻合。

C. 以温馨浪漫为主的卧室，可以选择粉色系、蓝色系的天花板来营造温和贴心的氛围。

1. 古典吊灯与实木地饰的协调

隐匿光源的天花板、古式吊灯、质朴的餐桌椅，共同营造低调节制的整体空间，内敛而大气。

2. 贵族居室自成一脉

挑高的天花板，层次分明的线板，欧式古吊灯与瑰丽典雅的寝具上下呼应，贵族气息尽显无余。

3. 金碧辉煌 王气尽显

奢华复古为多数豪宅主人所推崇。此空间吊顶有点小家碧玉的意思，但无碍整体的王者气概。

1. 素净吊顶观照充满艺术感的地饰

色彩斑斓的地毯上，艺术感十足的沙发、墙柜、圆桌和屏风，统辖于素净的天花板下方，边缘渗出金黄色光带，使整体空间宛若艺术殿堂。

2. 同心圆吊顶巧妙呼应餐桌

设计师独具匠心地让吊顶和餐桌垂直对应，后者像是从中掉下来的一个圆面，前者辅以水晶悬垂灯饰，与空间的浪漫风格相得益彰，共衬华贵氛围。

3. 灯影共灿漫

客厅以暖色系地饰布置，天花板吊灯和墙面壁灯以白光提供主要照明，使整体空间色调稍变清冽，却更烘托出跃动的灿漫感。

🌿 1. 天地设计惊艳营造洛可可风格空间

欧式洛可可风情的吊顶和地饰，配合家具，营造出惊艳得难以形容的空间。

🌿 2. 对应艺术尽显现代极简本色

天花板裁出一个圆，垂直对应下方的餐桌，白面黑边的椅子围在边缘，于布置利落的现代餐厅中尽显简约本色。

🌿 3. 高悬木作吊顶统领楼道空间气势

以褐红色和淡黄色为基调的楼道空间，呈螺形上升，颇有气势，中顶上高悬的木作天花板更统领了这一气势。

🖌 1. 并联的圆柱截面吊灯

原本偏简约的客厅中，条纹地毯与四个并联的圆柱截面吊灯相呼
应，规整的色带和斑驳的光影让空间色调丰富起来。

🖌 2. 素朴空间一点亮

在以实木为主要材质的空间里，水晶垂饰吊灯点亮无处不在的素
朴感，屋内瞬间仪态万方。

🖌 3. 黑白对比展示不凡气度

通体白色的天花板，下方地面铺一布质印花黑地毯，二者于中间
区域形成鲜明对比，让简约风格的现代空间更显气度不凡。

🖌 A. 天花板在家庭装修中占有很重要的地位。合适的天花板装修会起到意想不到的作用。

B. 天花板的造型设计多种多样，每一种都能创造出不同的风格。装修新居时，不妨多花些心思，让天花板换种吊顶，
会呈现出意想不到的效果。

1. 方与圆映衬的别样空间

上下皆为正方，花毯的纹饰方中带圆，吊顶曲线通中垂下造型独特的灯饰，与地毯里的中圆相对应，构架出别样的整体空间。

2. 天花地饰制造视觉悬疑

太阳花造型的吊顶与大小相近的玄关处地板花纹垂直对应，后者仿若前者投下的影，颇具视觉悬疑效果。

3. 轻盈与滞重的中和

暗色条纹地板让近地空间略显滞重，天顶设一亮闪的吊灯，使高处区域变得轻盈，从而让整个空间达到和谐之境。

A. 复杂的吊顶适合面积很大的客厅空间。复杂的吊顶和有档次的灯具可以用光线反射出天花板的多面性和棱角性，使平面的天花板突出立体的感觉。

B. 吊顶中加入曲线设计可以使房间从视觉上显得柔美。房间的装饰太过有棱角或者线条太硬、太直，都会带来不舒服的感觉。适时地加入曲线，感官上会产生变化。

C. 设计古典风格的天花板需要装饰一些西洋石膏，利用手工艺在单调的天花板上进行打磨，搭配上造型繁复的古典吊灯，可使天花板马上丰富起来。

1. 开放式空间中长于定位的吊顶

黑白色调的餐厅由雕花镂空吊顶和走道区隔开，自成独立空间。

2. 灯饰渐欲迷人眼

吊顶灯饰与放插花瓶的餐桌椅近距对应，与美卷般的墙面共同构建田园风空间，清新的地板更强化了这点。

3. 木作家居的沉稳气质

此空间大巧若拙地设计和布置，因主要用了实木材质，更显沉稳素净，弥漫着人文气息。

4. 古典家具与现代灯饰的完美搭配

线条流畅多样的古典家具，营造雍容而低调的客厅氛围，吊顶上现代水晶灯饰地运用使之亮堂起来，堪称完美。

TIP

A. 凸凹式天花也称为分层天花和复式天花，是通过龙骨的高低变化将天棚做成不同的立体造型，高度一般控制在 50～500 mm 之间。

B. 凸凹式天花的应用非常普遍，特别是当建筑空间有梁和设备管道时，很自然地就会选用分层式天花。分层的数量可多可少，应根据界面的比例和空间整体造型来决定。

🦋 1. 地空配置独立区间

厨房与餐厅以天花板吊顶区隔开，前者上黑下白，后者上白下黑，对比鲜明。

🦋 2. 轻与重的和鸣

整个客厅基本呈对称分布，地饰偏深颜色，吊顶则为白色，墙面也是深浅配置，处处体现着轻盈与稳重的协调，素洁而冷艳。

🦋 3. 对称同心圆营造艺术餐厅

吊顶和地饰均呈同心圆，中间垂直对应，形成分隔清晰的立体空间。顶面的镜质天花板倒映出下方空间，延伸了立体感。

🦋 4. 天顶加地饰突出休憩空间

开放通透的空间中，木地板覆盖整个地面，为了突出休憩室，铺上格状异色地毯，并于其上设计同色沙发、落地灯，与天顶吊灯共同强调该空间的独立性。

A. 不论是简单的还是复杂的，不同风格和颜色的灯饰可以使墙顶变得色彩多样，立体而生动。天花板的修饰是需要互相陪衬的。只要花点心思，抬起头时就能得到那份自己想要的空间。

B. 居住空间照明设计总的原则是：一，居住空间照明设计应使室内环境舒适；二，在设计时，注意点光源、线光源、面光源的合理搭配；三，运用明光和藏光，表达美妙的光影效果。

C. 客厅在采用一般照明方式的同时，还应考虑辅助与局部照明方式。通常是用壁灯与立灯做辅助照明，用射灯对客厅里的图画及艺术品做投光照明。距地面较高的天花板可配置内凹照明设置，光源可以掩藏在顶部线脚或者窗帘盒后面。

D. 餐厅的照明应使人们的注意力集中在餐桌上。局部照明采用向下直接照明的灯具。一般以碗型反射灯居于桌子上方 80 cm 为宜。若设有吧台或酒柜，则可用导轨射灯或嵌入式灯光加以照明，以突出气氛。

DIRECTORY 指南

国骅柏园样板间 - 王文亚 / 唐婉书（点廓空间设计事务所）
柔恋 - 毛毳（澜庭设计）
白咖物语 - 李静（壹零空间设计）
新贵宅邸 - 郑一鸣、吴锦文（武汉郑一鸣室内建筑设计）
芬芳奶茶 - 徐一峰、谭浪、向海明（点廓空间设计）
格调生活 - 武汉郑一鸣、吴锦文（鸣室内建筑设计）
锦绣山庄 - 陈志斌（鸿扬一陈志斌设计事务所）
意蕴东起 - 廖志强（之境室内设计事务所）
静 - 黄译（黄泽设计）
魅力中韵 - 欧建书一设计工作室
极简主义一纯 - 黄译
海慧花园样板房 - 景德镇东航（室内装饰设计有限公司）
三宝上书 - 景德镇东航（室内装饰设计有限公司）
河南五云山别墅 - 嘉道
KD House 11.30 KD House
animannari 12.29 photo
Russian Wood Patchwork House"dacha" by Peter Kostelov 9.30
南京翠屏清华园 - 于园（南京传古设计）
爱涛漪水园 - 张达云（董龙设计）
世茂联体别墅 - 巫小伟（巫小伟设计工作室）
宋都美域 - 黄译
毕加索小镇
别墅 Victoria Tower Model Unit
Minarc - Rainbow House
Phinney Residence
紫檀宫
三峡陈公馆 - 许炜杰（拾雅客空间设计）
江上明珠
南工大 - 李海明（邦雷装饰）
甘思南作品集
广州花都亚瑟公馆 - 王五平（深圳王五平设计机构）
夏花 - 臧世峰
繁都魅影 - 陈榕开（福建国广装饰机构）
幸福港湾 - 吴献文（吴献文设计工作室）
景观美式样板房 - 肇庆鸿
Tabachines Penthouse8
恒润御景湾 - 叶公建（福建国广一叶装饰机构）
肇庆星湖奥园 - 杨铭斌（尺道设计师事务所）
至善别墅
乡林阳明
众凯家园 - 陈奕含（北京大木博维建筑装饰设计有限公司）
北京风尚装饰
广西梧州灏景尚都 - 杨铭斌（尺道设计师事务所）
天母富邦戴宅 - 台湾奇逸空间设计
淳艳之惑 - 王五平

图书在版编目（CIP）数据

开启梦想家居的 5 把密匙 魅力天花 / 博远空间文化发展有限公司 主编 .
- 武汉 : 华中科技大学出版社，2012.11

ISBN 978-7-5609-8517-6

Ⅰ . ①开… Ⅱ . ①博… Ⅲ . ①住宅 - 顶棚 - 室内装饰设计 - 图集 Ⅳ . ① TU241-64

中国版本图书馆 CIP 数据核字（2012）第 276205 号

开启梦想家居的 5 把密匙 魅力天花　　　　　　　　博远空间文化发展有限公司 主编

出版发行：华中科技大学出版社（中国·武汉）

地　　址：武汉市武昌珞喻路1037号（邮编：430074）

出 版 人：阮海洪

责任编辑：熊纯　　　　　　　　　　　　　　　　　责任监印：秦英

责任校对：王莎莎　　　　　　　　　　　　　　　　装帧设计：许兰操

印　　刷：中华商务联合印刷（广东）有限公司

开　　本：787 mm×1092 mm 1/16

印　　张：5

字　　数：40千字

版　　次：2013年3月第1版 第1次印刷

定　　价：29.80元（USD 6.99）

投稿热线：（020）36218949　　1275336759@qq.com

本书若有印装质量问题，请向出版社营销中心调换

全国免费服务热线：400-6679-118 竭诚为您服务

版权所有　侵权必究